艺术课堂

怎样画创意色彩：创意服装

才志舜/编绘

北方联合出版传媒（集团）股份有限公司

万卷出版公司

·沈阳·

© 才志舜 2017

图书在版编目（CIP）数据

怎样画创意色彩：创意服装 / 才志舜编绘
. —沈阳：万卷出版公司, 2017.3
（艺术课堂）
ISBN 978-7-5470-4403-2

Ⅰ.①怎… Ⅱ.①才… Ⅲ.①服装 – 绘画技法 – 儿童
读物 Ⅳ.①TS941.28-49

中国版本图书馆CIP数据核字（2017）第005156号

出版发行：北方联合出版传媒（集团）股份有限公司
　　　　　万卷出版公司
　　　　　（地址：沈阳市和平区十一纬路25号　邮编：110003）
印 刷 者：沈阳市精华印刷有限公司
经 销 者：全国新华书店
幅面尺寸：210mm×260mm
字　　数：80千字
印　　张：9.5
出版时间：2017年3月第1版
印刷时间：2017年3月第1次印刷
责任编辑：赵新楠
封面设计：徐春迎
版式设计：张　莹
责任校对：张　黎
ISBN 978-7-5470-4403-2
定　　价：42.00元

联系电话：024-23284090
邮购热线：024-23284050
传　　真：024-23284521
E－m a i l：vpc_tougao@163.com
腾讯微博：http://t.qq.com/wjcbgs
网　　址：http://www.chinavpc.com

前 言

　　儿童美术教育是审美教育的基础，而审美教育又是素质教育不可缺少的重要内容。要提高全民族的素质教育水平，必须从儿童的审美教育抓起，这已经成为近年来全社会的共识。

　　每个孩子都具有绘画潜质，拥有创造和表现的欲望，要通过绘画的形式实现对儿童的素质教育，启迪他们的创造力和想象力，关键在于认真研究儿童的生理、心理特点和认识规律，注意观察发现他们的个性和特性，从而加以正确的启发和引导，才能取得预期的效果。

　　才志舜老师总结十多年儿童画教学的经验，编绘的这套儿童画教材，就是认真研究和长期实践的结晶。这套教材中的范画是他从多年儿童画研究、探索、实践中精心遴选出来的。教材中的学生作业，均出自他辅导的学生之手，天真可爱、生动感人。在画面上，纯洁的童心与纯真的浪漫、无拘束的想象力、独特潇洒的表现，都淋漓尽致地在充满欢悦的创作过程中得以实现，令人惊叹不已。

　　最近，我有幸被沈阳儿童活动中心聘为艺术顾问，参评几位教师的公开课，亲眼目睹了才志舜老师《球场上的运动员》一课的教学全过程，深受启发。他首先给学生播放自己精心剪辑的世界杯足球赛录像，激发学生对足球的浓厚兴趣，进而在启发式的问答中引导学生深化理解和记忆，再以自己制作的教具，帮助和鼓励学生大胆想象、勇敢参与创作，最后，全部课程内容在对学生作品的点评中达到了高潮。可见，一堂成功的公开课要融进教师多少心血，这里需要的是对孩子们的热心、耐心、专心，对审美教育的高度责任心，同时还需要老师具有新理念、新创作、新的教学方法。才志舜老师的儿童画教学正是体现了这样的特点。

　　这套教程也是如此。它以提供范画、步骤、资料、讲评为基础，引导、帮助学生进行创作，给儿童留下拓展想象力的空间，尽情发挥他们的创造力。课题编排从简到繁、从浅入深、由初级到高级，科学、合理、可行，易于学生及家长学习和借鉴。

　　在此谨向作者和所有把青春和爱心献给儿童美术教育事业的辛勤园丁们表示崇高的敬意！祝愿你们把祖国的儿童美术教育推向更高水平。

李泽浩　教授

鲁迅美术学院原美术教育系主任、中国高等院校美术教育研究会理事长
中国美术家协会会员、国务院有突出贡献专家政府津贴获得者

目 录

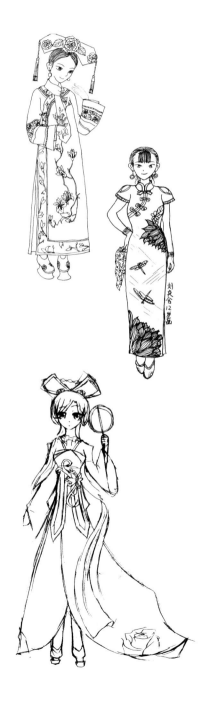

第一课　儿童即兴画服装

低龄儿童自由画"美丽的服装"

学生
作品

　　即兴画服装就是在一张空白的纸上用黑线笔尽兴地画出自己喜欢的人物穿着漂亮的服装，没有约束，落笔就是线条，擦不掉也改不了。这样的自由绘画一次成型，目的是训练边画边思考，即兴发挥，多画创作。

低龄儿童自由画"美丽的服装"

提示

①人人都爱穿漂亮的服装，创意服装的第一课就请同学们尝试一下，即兴画一幅自己喜欢的服装。

②从这些低年组的作品中可以借鉴到更多的内容，如：大胆的想象，放得开的笔触及儿童不受任何限制的夸张绘画法。

③大一些的学生容易受形体的约束，不妨放下铅笔，用黑线像低龄组一样即兴画画服装。

第二课　公主·新娘
——主题画

这组是 7 岁儿童画作品

公主与新娘的服装有些接近，她们都穿着华丽的长裙，穿金戴银，繁华的服饰和美丽的装扮都是我们追求的美好生活。

图1　图2　图3　图4　图5　图6

提示

①创意画服装时不要局限于固定的款式，要大胆地设想出你心目中的公主、新娘。

②随着年龄的增长，儿童画创作也有变化和影响。如图1深入细节的图案和人物的表情，图3、图4的动势，图5、图6的头饰，都是能力的表现。

第三课　少儿画服装

　　逐渐成熟一些的少儿绘画在款式和图案上能够深入细节进行刻画，形体及内容上也趋于合理。

提示

①左页二幅为8岁以上儿童即兴创作的学生作品。
②本页这六幅是学生借鉴了资料在临摹过程中也进行了一些创作。

第四课　成熟的学生作品

　　随着年龄的提高，他们已不满足于以前的简单描绘。经过学习，在有了一定的造型能力后逐步开始了有意象的表现，如卡通形象、故事情节的服装及理想的穿衣打扮，都会表现在作品中。

提示

　①12岁以上的学生在认识、审美和绘画能力上都与12岁以下的儿童有所不同。这组人物服装都是凭着记忆和平时知识的积累独立创作的作品，可以看出来在人物形体、动态和深入刻画上有了很大的提高。

　②这组绘画作品都是先用铅笔反复创作草稿后再用黑线笔画出来的。

第五课　夏季短裙

　　从这节课开始，同学们就要在特定的人体模特身上进行服装创意的训练，也就是给模特穿上漂亮衣服。上图就是学生在同一个模特身上画出不同的服装作品。

在特定的人体模特身上画服装

创作过程

①先画简单的服装的款式，再画头部，因为服装要遮挡头发，所以就有了先后之分。

②画出领口、袖口、裙边的样式和腰带、鞋袜。

③画出服装的花纹图案再深入细节创作。

提示

①这些学生作品都没有起草稿，是用碳素笔在模特身上即兴完成的。

②在作画前请同学们先观察、分析学生作品样式和变化，待有了自己的设想后再即兴创作。

③同学们还可以相互观察对方穿戴的真实服装款式，留意有特点的样式，仔细研究衣领、袖口及服饰和头饰。

学生作品

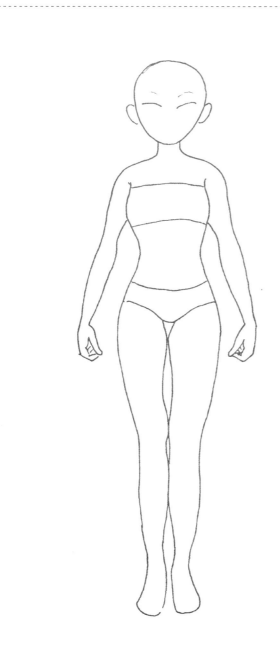
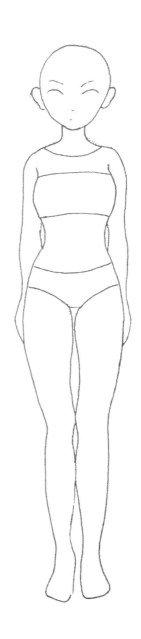

作业要求

给两个不同姿态的模特穿上短裙。

第六课　长　裙

提示：

①在人体模特上进行长裙的练习，注意步骤中长裙的款式、结构和变化。

②注意右页上、下图的动势稍有不同，在后面的课题中会出现很多不同动势。

③图1、图3的遮挡关系有了问题，如图3被裙子遮挡的腿不要画出来。还有手臂遮挡裙子还是裙子挡住手臂要明确。图2、图4就画得很好。

图1

图2

图3

图4

图1　　　　　图2　　　　　图3

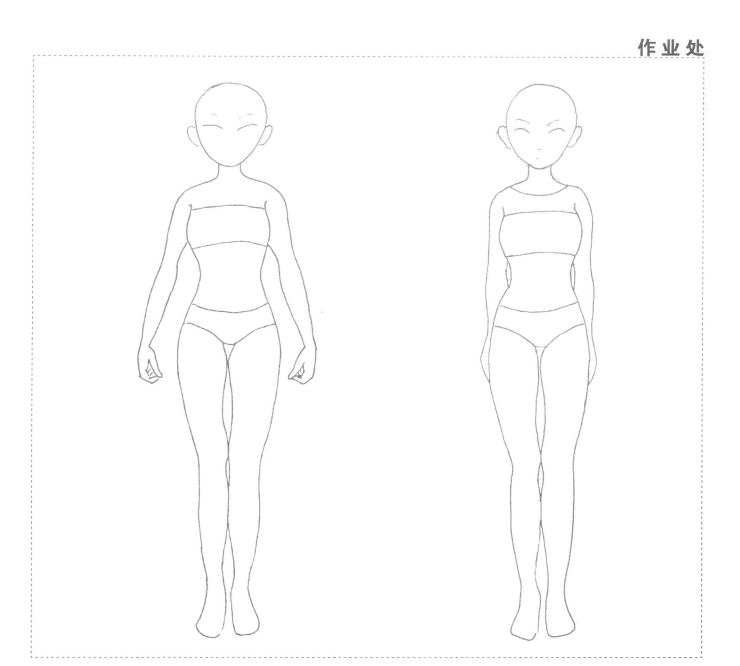

作业要求

给两个不同姿态的人体穿上长裙。

提示

①左页上图是借鉴了范画完成的作品，虽然是一种风格，但在长裙的款式和头饰上都画出了不同的内容。

②下图1的手挡住了裙子很好，但腿露了出来，图案也是随着腿形画的，这样就不对了。图2、图3遮挡关系就处理得很好。

第七课　校服

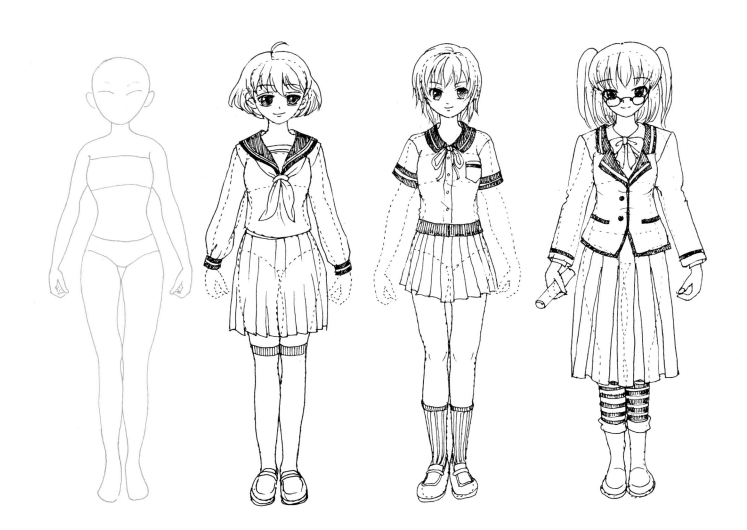

范画

说明

　　整洁的校服是从"水手服"演变而来的。造型简单大方，学生气十足，带给人清新的校园气息。

　　传统的校服样式也有季节性，这些都是配合季节而变化出来的校服。炎热的夏季校服采用较为清凉的短袖衬衫和短裙。冬季校服相对厚实一些。不过为了锻炼意志力，日本的校服即使在寒冷的冬季也照样是裙装。

学生作品

提示

　①有能力的同学可以适当地变化姿态和添加物件，如图2、图3。

　②图1的作者是8岁，画出了身背着画筒，脚穿高勒鞋，身穿春秋装的美术生。小作者认为理想中的校服与众不同，身上也画了荷花图案。

　③图4、图5、图6作者画出了自己心目中的学生装，这些都是个性的表达，值得提倡。

学生
作品

范画

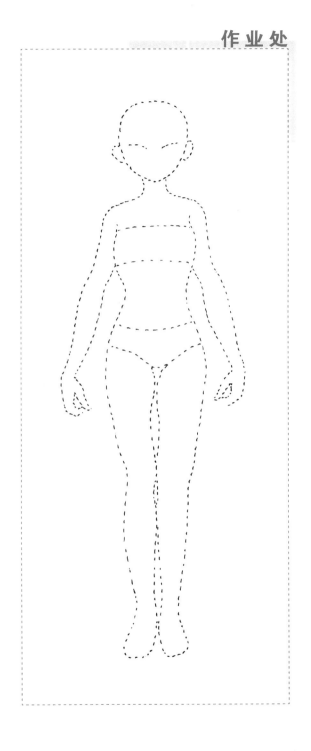

提示

①左页上图是学生参考范画创作的理想校服。

②下图是15岁作者在白纸上独立创作的校园服装。也体现了作者的绘画能力和自己偏爱夸张的卡通形象。

第八课　服务员装

图1　　　　图2　　　　图3

　　服务员装多种多样，如餐厅、酒店、宾馆、列车员、空姐服装等等，它们和学生装、军装、运动员装又统称为"职业服装"。图1面点师，图2、图3服务员。

提示

①全套的服装包括头饰、上衣、裙子、鞋等等。这些内容协调统一又称为服饰搭配。如餐厅服务员穿上时髦的高跟鞋，既不协调工作起来又会很累。如果留有一头漂亮的长发会给工作带来不便，所以要设计一顶帽子。

②有围裙的传统餐厅服务员装比较普遍，请同学们通过参考资料和平时观察到的内容，创作一幅餐厅服务员套装。

图 1　　　　　　　图 2　　　　　　　图 3

学生
作品

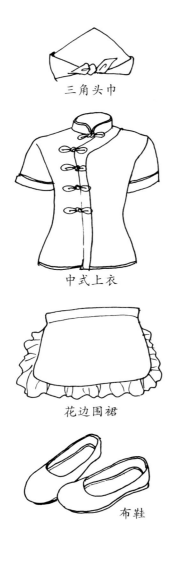

三角头巾

中式上衣

花边围裙

布鞋

餐厅服务员

提示

①在学生作品中出现了画满图案的服装，这是可以的，但一定要有服务员装的特点，否则就跑题了。

②注意一般餐厅服务装的特性是带围裙，只要抓住特征，再画自己的想法就算成功。

③图1、图2的服装上有许多图案，图2的衣领、围裙的图案好像少数民族的服装，很有特点。与之相比图3就是大众化的餐厅服务员制服。

第九课 警 服

我们都很熟悉警察的服装，但要分起类来会有很多，如交警、巡警、武警和春夏秋冬警服等等。

提示

①有能力的同学可以分类画警服。一般的情况下我们画传统的警服就可以了。

②职业警服相对来说就有一些难度，它需要整体的配套和服饰的搭配，所以我们就要认真观察、分析参考资料，再进行描绘。

一级警员

二级刑警

提示

①警帽的帽檐会遮挡住额头，注意帽檐与头发、眉毛的关系。

②右页图1、图2、图4是学生脱离了人体模特，参考资料在白纸上完成的作品。

学生作品

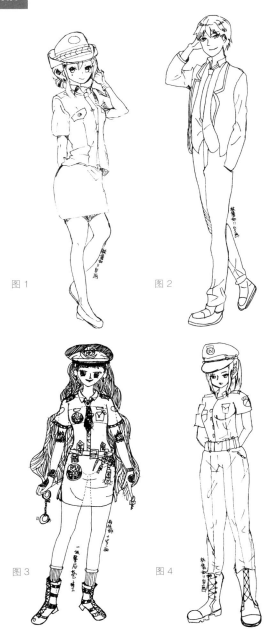

图1   图2

图3   图4

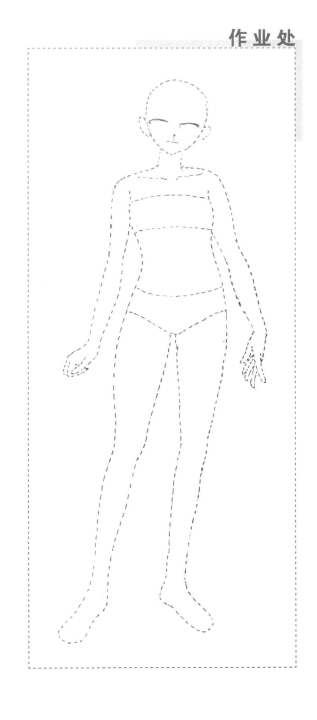

说明

图2是穿便衣的男装，由于男装有裤子，画起来有难度，所以本册主要以女装裙子为主，是为了适合初学者而设的课题。在以后的课程中难度会逐渐增加，下册书中就增设了部分男装。

第十课　运动装

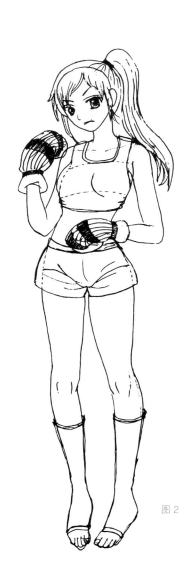

图1　　　　　　　　　图2　　　　　　　　　图3

范画

　　　运动装是为方便运动员活动而设计的，一般情况下短衣、短裙、短裤比较多见。如：排球、足球运动员穿上长衣长裤运动起来就很不方便。

提示

①注意运动员头发的表现，用头带把刘海束起来或扎上马尾辫，便于运动。连体式网球服类似于体操服比较贴身。如上页范画。

②画运动装时，各种道具的配合也很重要，如球、拍等等。

③上图学生作品没有利用人体模特，全部是在白纸上独立完成的作品，这样的创作值得提倡，一般需要用铅笔先起稿再创作。

学生
作品

提示

　　1 相对来说在人体模特身上画体操服就好画多了，但也要注意细节、道具的表现。如28页范画3。

　　2 通过左页上下图的对比，可以看出下图离开人体的框架独立创作更能自由发挥。在学习过程中也要活学活用，独立创作能够提高我们的绘画造型能力。

第十一课　冬季服装

范画步骤

①先画出帽子是因为这种帽子能遮挡前部的肩膀。

②画完帽子以后再画上衣，最后画棉裙和棉鞋。

③为了更好地表现侧面的棉帽子，可以把头部画侧一些。

提示

①冬季就是要穿上厚实的保暖服装用来防寒，羽绒服、帽子、棉鞋、手套、围巾是冬季常用的服饰。

②上图为参考资料。在创作过程中同学可以参考一些资料，还要养成观察真实的冬装穿戴习惯，这样才能接近生活。

③下图的学生作品穿戴得有些臃肿，穿冬装也要表现出人体的美。

图1　图2　图3

图4　图5　图6

学生
作品

提示

　　①认真分析步骤图里的方法表现，仔细观察资料里羽绒服的特点。

　　②学会借鉴，大胆创作。图1外衣的图案和轮廓之间出现了问题。图2、图3的羽绒服描绘得很好。下图的款式变化和图案都很好。

　　③在人物绘画中，手、脚是比较难表现的，尤其是少儿绘画，老师会对不同的年龄和能力的同学有不同的要求。

第十二课　民族服装

维吾尔族　蒙古族　高山族　瑶族

　　中国自古以来就是一个统一的多民族国家，中国有56个民族，有
55个少数民族，每个民族的服装都有着本民族的特点。

赫哲族　毛难族　景颇族　藏族

A　B　C　D

提示

①上图为范画资料。各少数民族的服装特点鲜明，服饰多样，单纯的创意是无法完成的，所以我们就要查阅收集资料，再参考老师的范画，要有针对性地完成作品。

②针对性就是研究创作一个民族的服装，找出特征，画出特点不要乱，如不要把朝鲜族的高腰裙和藏族的多服饰混在一起了。

③下图的学生作品就很好，图B、C、D依次为朝鲜族、藏族、汉族服装。

(彝族) 赵艺 十二岁画

(苗族) 赵艺 十二岁画

(维吾尔族) 赵艺 十二岁画

永轩硕 八岁画

张轩朗 八岁画

李湘遥 九岁画

提示

①上图是在白纸上创作完成的民族服装。

②下图是在人体上画出的作品。在转换不同姿态来画人物的服装时，会有一定的难度，可以先用铅笔起稿再用黑线笔深入刻画。

说明

上图是范画资料，下图是学生参考上两图在白纸上创作完成的作品。有能力的学生可以运用这种方法来进行服装画的练习。

第十三课　日本和服

日本和服是从中国的古典服装演变而来的。日本民族传统服饰保留至今已经变成了一种流行元素。

刘芷彤
10岁画

提示

①作业处有两个人物，请同学们首先在第一个和服的服装上面练习画和服纹样，图案要有多和少留白之分。

②参考资料在模特身上画和服，再创作图案纹样。

提示

　　图1和服上的图案有一种装饰性的美感。图2的图案与留白处理得很好。图5画出了现代感的个性化图案。图6上半身是古典仕女，脚上还穿着长袜，不合理也跑题了。

说明

1 下图是在和服的基础上演变的流行服装，同学们要认真观察、研究和服的特点。

2 创作一幅时尚流行的日式服装，注意要画出与和服有关联的服装。如宽松的大袖口和宽腰带及脚穿木屐鞋是日式和服的特征。

第十四课　公主服装

图1　　　　　　图2　　　　　　图3　　　　　　图4　　　　　　图5

提示

①公主一般是指古代国王的女儿，公主服装就可想而知了。她们非常富有，穿戴得很华丽，服饰上就应该有珍珠玛瑙、披金戴银了。

②资料1紧身胸衣是为了让腰部看上去更细。鞋是浅口窄身鞋。图2裙衬是让裙子蓬松起来的骨架。图3、图4裙子向下呈A字形展开。图5腰部细、臀部周围蓬松起来的铃铛形。

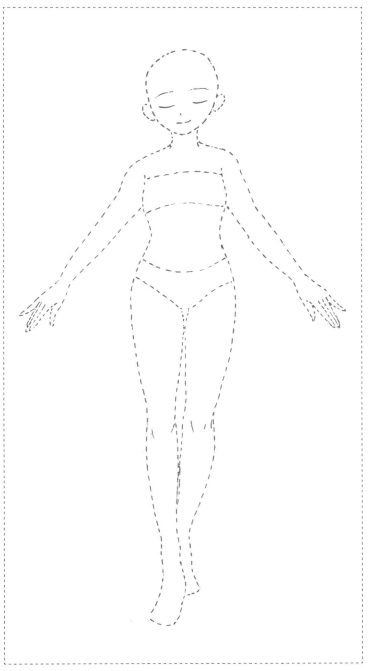

提示

①认真分析资料里的服装内部结构，对我们的创作会有帮助的。

②范画里的公主服是欧式的，我们熟知的"白雪公主"穿的就是典型的欧式公主服。

③参考老师提供的各种资料范画，按步骤图的方法创作公主服。

图1

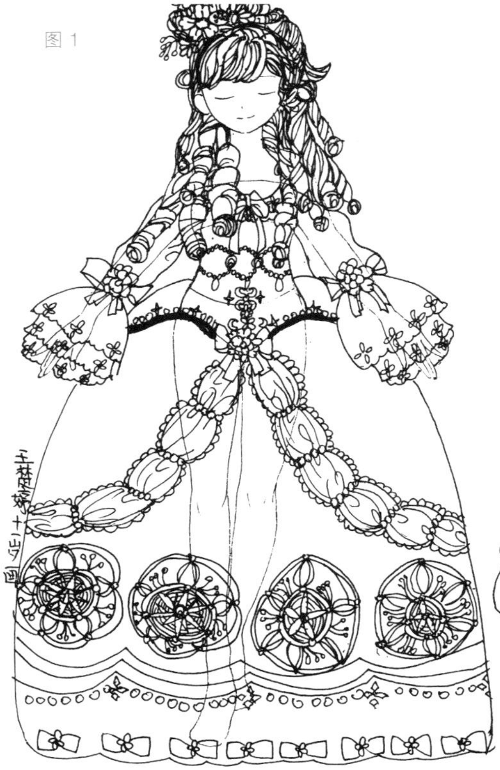

图2

图3

图4

提示

　　1 同学们可以借鉴自己喜欢的书籍资料，把好看的公主服画在模特身上，再创作服饰纹样，这组学生作品就是这样画出来的。

　　2 注意在学习过程中不要完全临摹别人的作品，要有自己的创作。

第十五课 婚礼服

婚礼服是用于结婚典礼时穿的有婚纱的服装。一般的婚纱装都是白色拖地，新娘会穿上高跟鞋，但都被裙纱遮挡住了。

范画

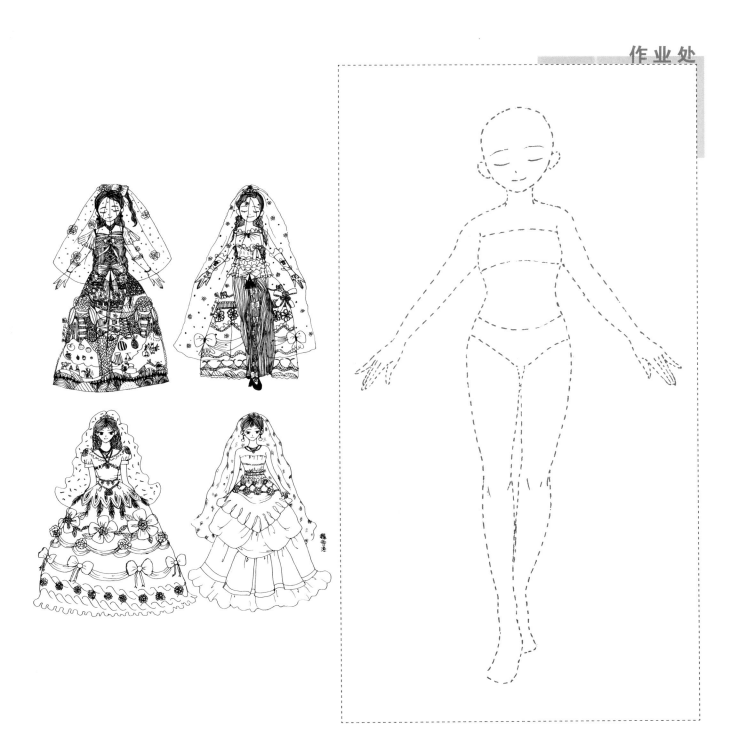

提示

① 公主服装与新娘服装有很多相似之处，资料图就是穿着古典式大大的裙子，很像婚礼服，但头上又戴着公主帽，又成了公主。

② 参考公主服与婚礼服的共同特点创作一幅新娘穿的婚礼服。

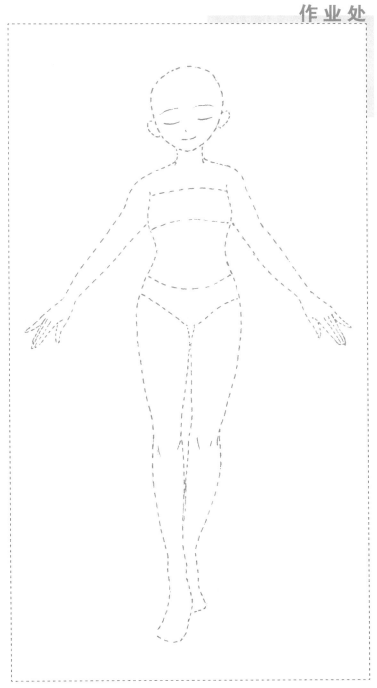

提示

①女孩都很喜欢画婚礼服，这组的学生作品都是女学生画的，从样式到细节画得都很成功，也可以看出年龄的不同作品也有差别。

②画婚礼服时，注意公主与新娘的区别，最明显的区分就是公主要有皇冠和戴上许多华美的装饰物，而新娘头上要戴透明的纱巾还要有鲜花。耳环、项链两者都要有。

第十六课　晚礼服

范画

　　晚礼服有好多种，我们要画的一般是指参加晚会、宴会、颁奖等大型仪式场合穿的服装。晚礼服大多数是盖过脚的长裙，脚上穿的是很高的高跟鞋，这样能把人的身高拉长，比例也很完美。

提示

①范画是参考时装杂志创作的，在学习过程中同学们要多收集时装资料以便创作。

②图3是有素描基础的学生参考了资料创作的作品，很有立体感。图4是8岁学生创作的，服饰图案画得不错。图5、图6是美院大学生画的。发式和服装款式的组合比较写实，腰部也夸张地瘦了许多，表现出了一种理想的人体美。

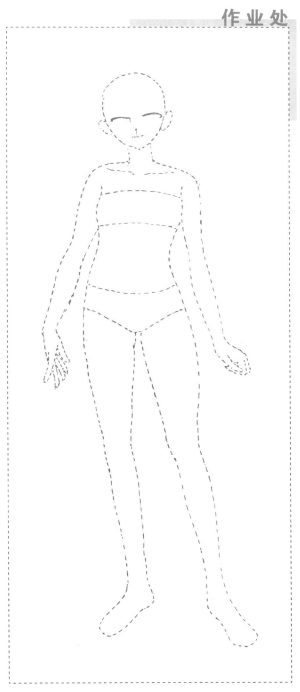

提示

　　1 从学生的作品中可以看出，年龄和能力不同画出来的作品也有差别，所以老师的评判标准也有所不同。

　　2 在遇到较复杂的服装款式时，可以先用铅笔起稿后再画正稿。

　　3 这组学生作品是参考了《时装杂志》真实的照片资料创意完成的。

第十七课　长裙时装

　　时装是指街面上流行的时尚服装，同学们可以在电视里、画报中、街面上留意穿着时尚的人，再通过记忆创作时装。这节课是以夏季长裙为主，要表现有图案的夏季时装面料和款式。

图1　图2　图3

图4　图5　图6

提示

①这一课需要我们即兴创作，就是不用铅笔起稿，用黑线笔在特定的模特身上即兴作画。

②在图案和款式上也可以自由发挥，注意要有黑、白、灰图案的变化。

③疏密结合的图案能够体现出夏季面料的美。如图2、图4。

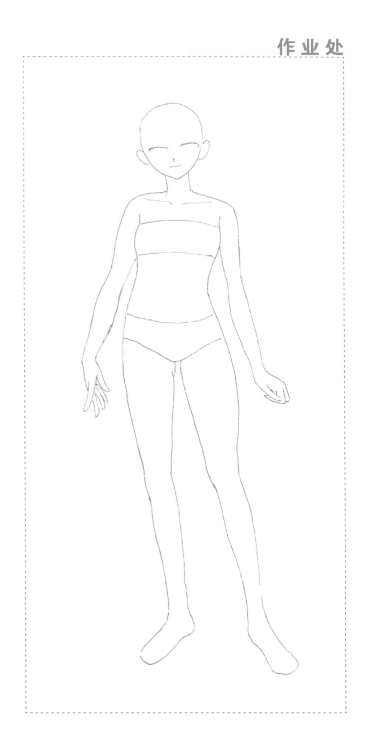

提示

　　1 初学的同学可先借鉴某一学生作品，先画出简单的款式后再进行创作。
　　2 这组学生作品的款式千变万化，图案各不相同，都体现了 8 ~ 10 岁这
个年龄段大胆的创意绘画能力。

第十八课　舞台表演装

图1

图2

图3

图4

图5

　　舞台表演装更丰富多样，如：舞蹈、演出及不同时代、不同内容的戏装等等。

提示

①借鉴参照画与即兴发挥创作有所不同，上图是完全借鉴，把资料里的服装款式转换到了人体模特身上，也是一种能力的表现。

②左页图1是15岁学生原创的作品，图2是借鉴转换画的作品，图3是即兴创作，图4、图5是借鉴与创作。

图1
图2
图3
图4
图5

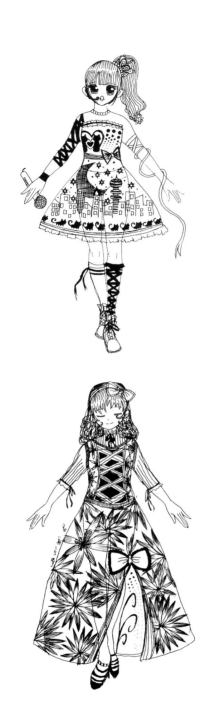

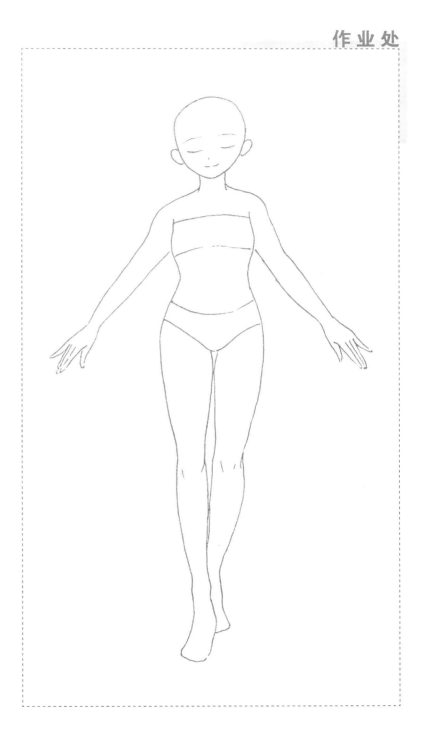

提示

　①上两幅作品具有黑、白、灰画面的效果，细节刻画深入，视觉效果很好。

　②左页图 1、图 2 是用线描的形式完成的作品，款式、图案清晰可见。

　③在创作过程中，同学们要活学活用，尝试运用各种不同的表现手法来描绘服装，对我们的学习会有帮助。

第十九课　民国传统装

民国短袄套裙

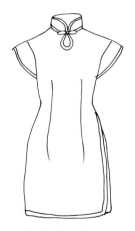

演变的短款旗袍

范画

　　民国服装是指清末、民国时期中国人穿的传统服装，同学们接触少，但应该在电影、电视和图画里会看到，它代表我国近代历史的一段时期，不应该忘记。

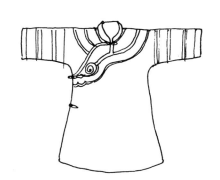

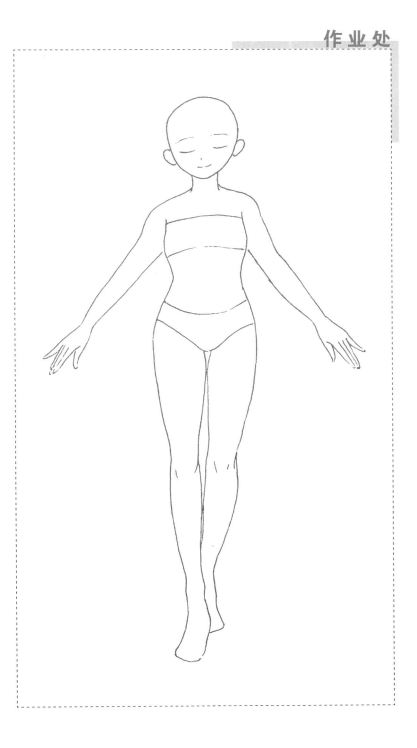

提示

　　请查阅参考资料再创作，绘画过程中注意图案纹样的表现，要描绘出中国传统的图案为佳。

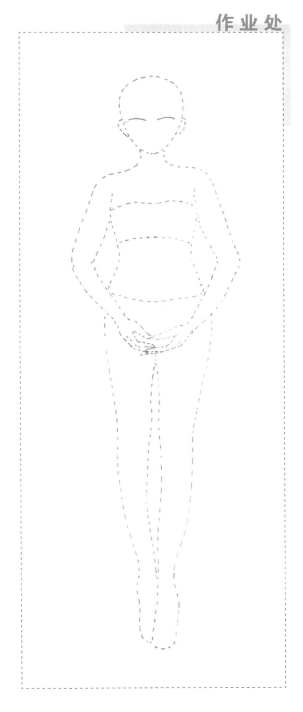

提示

1作业处的人体模特的动势有一定的难度。在作画时注意袖口和衣服之间的关系。

2手拿团扇或手托小动物更能生动地表现出人物和服装的时代背景。

第二十课　中国旗袍

范画

　　旗袍最能代表近代中国传统文化的服装，其形体优雅，花纹样式多变，但万变不离其宗。在我国传统的节日和大型的礼仪盛会上，我们会经常看到身穿中式旗袍的礼仪小姐。

图1 图2 图3 图4

图5 图6 图7 图8

提示

①中国元素纹样在旗袍中起着重要的作用。如荷花、月季、牡丹、梅花、兰花、菊花等等，都代表着中国图案文化。

②这组学生作品都描绘出了图案纹样在旗袍中的作用，有的虽然不太成熟，但也都懂得了纹样与留白效果。

③图4描绘成了现代卡通形象的人物，图案里的凤凰、牡丹画得很好。图6肩部设计了短款披肩，裙下还有穗子，这些都是很好的创意。

提示

1 旗袍的款式变化跨度不大，变化多了就失去了旗袍的特点，所以要充分利用代表中国文化的花卉等图案来表现旗袍。

2 人物的发型、头饰、服饰、道具等细节缺一不可。

3 画满碎花图案也是一种风格，这种纹样在中国传统的丝绸面料中也常看到。

第二十一课　清朝服装

图1　　　　　　　图2　　　　　　　图3

范画

清朝的"格格"满语意为小姐，是清朝对女性的一种称谓，"阿哥"意为皇子，都是清皇族对儿女的统一称呼。这节课就是以同学们熟悉的"格格"服装为主进行创作。也可以尝试着画画男装"阿哥"。

提示

1 电视剧《还珠格格》家喻户晓，剧中"格格"的服装也是同学们最喜欢画的一种服装。在画前要多参考、收集资料，为创作做准备。

2 "格格"头上戴的叫"旗头"，是满族妇女在一般礼仪场合佩戴的头饰。"阿哥"头上留有长辫，戴帽子，帽子后有羽毛。

学生
作品

提示

　①图 1 的头饰叫"一字头"，图 2 的头饰叫"两把头"。同学们可以在图 2 上适量地添加纹样和内容，对比满意后再创作。

　②年龄大一点、有基础的同学可以画写实一些的"格格服"，如图 1，小一点的或初学的同学可以画简单卡通版的画面。

　③可以在模特身上即兴画出男款清朝服装，如 72 页范画 2。

第二十二课　唐朝服装

唐仕女

　　唐朝是我国政治、经济高度发展，文化艺术繁荣昌盛的时代。服装也随之而来发生了巨大变化。女装的特点是裙、衫、披的统一，且出现了袒胸露臂的形象。其特点是：梳高髻、露胸、肩披红帛、腰垂腰带是唐仕女的形象。

图1　图2　图3　图4

图5　图6　图7　图8

提示

　　1唐朝服饰图案多用真实的花、草、鱼、虫的造型，当时的服饰图案的设计趋向于表现自由、丰满、肥壮的艺术风格，就是以肥为美的审美观。

　　2关于唐朝服装的造型样式，请同学们参考《武则天》《太平公主》等有关资料，再进行创作。

图1

图2

图3

图4

图5

图6

点评

　　少儿画古典服装有一定的难度。同学们即兴自由画得都很好，但要归类到每个年代就不容易了。图1画的清代头饰，身穿唐服。图2画的唐代头饰穿得像汉服。正确的要求应在12岁以上，在创作时要注意各朝代的服饰特点。图3、图4很有新意，对于10岁以下的学生来讲，这样的创意作品就非常优秀了。

第二十三课　汉服

　　"汉服"的含义："汉服"不是汉朝的服装，而是汉民族的服装，是汉民族传统服饰的简称（主要是指明末以前，在自然的文化发展和民族交融过程中形成的汉族服饰）。

提示

　　1 汉服运动是当代"汉服文化复兴运动"的简称，属于华夏文化复兴运动中积极的一部分，其目标是复兴维护汉族优秀传统文化。

　　2 老师给同学们提供了多款古代服饰资料，请参考即兴创作"汉服"。

图1 图2 图3 图4 图5 图6

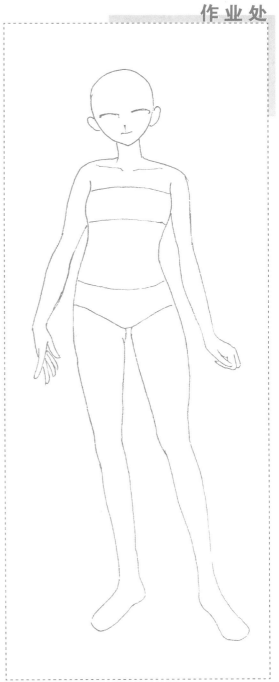

点评

1图1是临摹的，图2、图3是在白纸上即兴发挥创作的。请同学们也要经常用这种方法进行练习。

2图4、图5、图6是在模特身上即兴创作完成的。头发、图案纹样描绘得非常好看。

第二十四课　古典仕女服装（一）

即兴自由画仕女

　　同学们对古典仕女画比较偏爱，这节课就是要放开手，离开人体模特的框架，即兴创作画仕女。图1、图2是15岁学生的原创作品，也就是没有参考任何资料，凭着自己的能力独立创作的。

提示

  这组的学生作品也是即兴自由画的仕女，都是凭着自己的观察、记忆，用默写的形式创作的。画面看上去更加大胆、随意、自如，线条也更加放得开了。

学生
作品

　　这组的学生作品是参照一些资料用黑线笔即兴完成的仕女。在绘画过程中增添了许多自己的设想进行了二次创作。如图 3 在长裙上画出了好看的建筑图案。

这一组是同学们即兴自由画的仕女作品。

第二十五课　古典仕女服装（二）

在模特身上画仕女

这节课是在不同姿态的人体模特身上画仕女。从学生作品上看同学们的服装绘画创作能力都有了很大的提高。

提示

　　这些作品都体现了同学们在不同姿态人体模特身上创作仕女服装的能力。
同时也学会了参考、借鉴、创意出不同的头饰、服饰和服装款式。

图 1　图 2　图 3　图 4　图 5　图 6

提示

①这组学生作品都是在特定的模特身上画仕女服装。

②图1、图2、图3的模特两臂姿态有些难度，尤其是古代的袖长，画时就要反复推敲，也可以有所改变动姿，如图2。

③图4的款式有很好的设想，脸部的"黑"作者说是面纱，但没有表现好。图5的线条有些多但没有影响画面。图6就很好地描绘了仕女，头饰、服饰、款式清晰可辨。

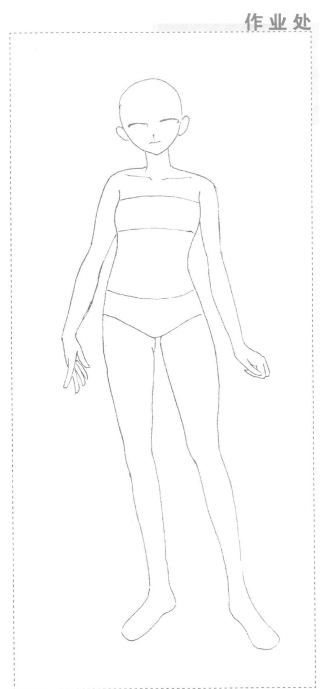

说明

在这套教材中由于版面所限，特定的人体模特也是有限的。我们随书也增加部分单页画稿，同学们可以在单页的画面上进行不同姿态的服装创作学习。

第二十六课 不同姿态女装创意训练（一）

图1 图2

张心怡 十三岁

图1是老师画的范画。图2造型趋于成熟，但线条的表现如再严谨一些会更好。

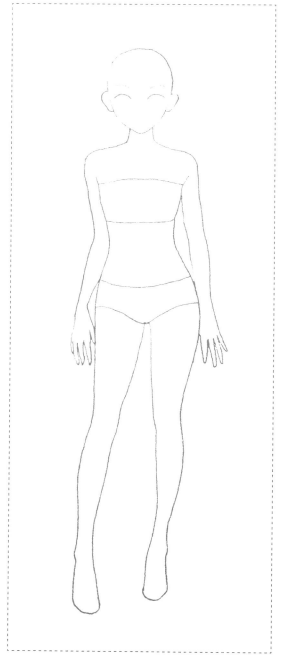

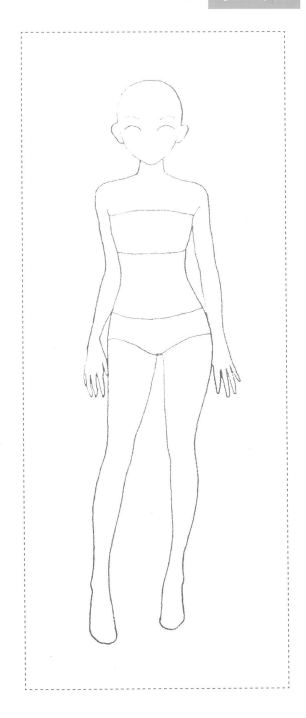

点评

图1、图2用简练的线条画出了漂亮的服装款式。图4、图5、图6图案的黑、白、灰表现得也很好。两种不同的风格都能成功地描绘服装，在学习过程中同学们也要勤于思考，学会用各种不同的方法来进行创作。

第二十七课 不同姿态女装创意训练（二）

图1　　图2

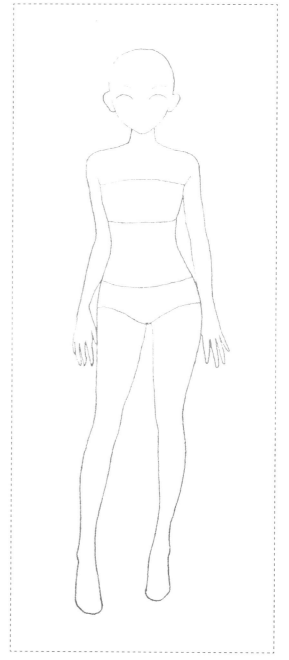

范画1是运用了简练的渐变和黑白灰的形式画出的春秋装。图2是职业装。这两幅作品基本上就是在人体外形的轮廓上完成的长、短袖，裤子和短裙，再画上相应的头饰就可以了。

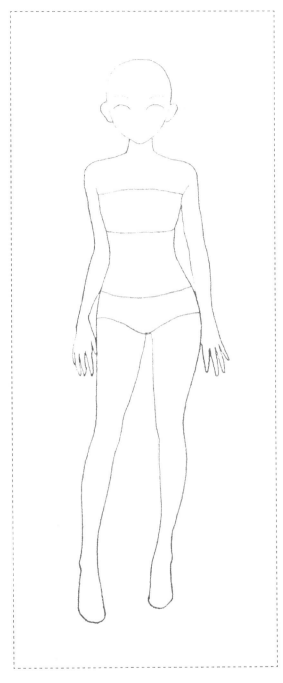

点评

图3、图4是运用范画的方法画出的连衣短裙、上衣及高勒靴，图4描绘出了衣纹和服饰细节，看上去就比较真实。图5的双手和裙子的遮挡关系，图6的双手有所改动，这都是提倡的创作方法。

第二十八课 不同姿态女装创意训练 （三）

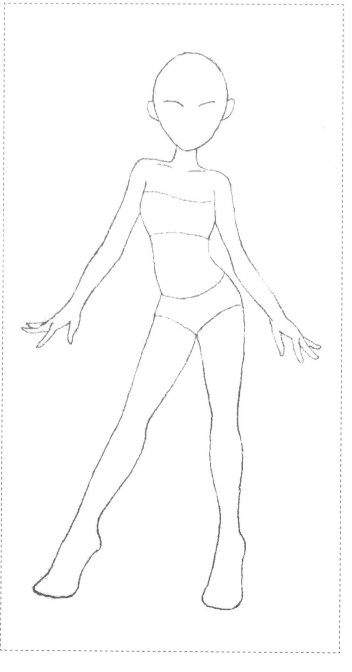

图 1 是老师的范画，图 2 是 7 岁的学生画的作品。她平时就喜欢画服装，各种款式、服饰、头饰都在脑子里，也积累了不少经验，所以画起来得心应手，这幅画线条严谨，图案的黑白恰到好处。

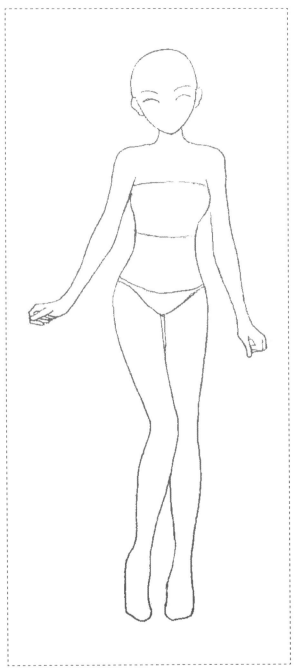

点评

　　图3、图4、图6都是7～8岁学生的作品，也代表了这个年龄的水准，他们是从象征期转向黄金期的过程中思路也开阔了，与图5相比，12岁的作者就是转型期向成熟期的过渡。

第二十九课　不同姿态女装创意训练（四）

图 1

图 2

图 1 范画，图 2 服装款式造型严谨合理，写实效果好，服饰变化丰富，细节刻画深入。

图 3

图 4

图 6

图 5

提示

    图 2、图 3、图 4 为转型期的作品，造型能力提高了，在向成熟期过渡。
图 4 简单的服装款式富有动感，活泼可爱，黑白灰图案提升了画面完美的效果。
图 5 在完成作品的基础上还添加背景，图 6 描绘的是晚礼服，款式新颖华美。

第三十课 不同姿态女装创意训练（五）

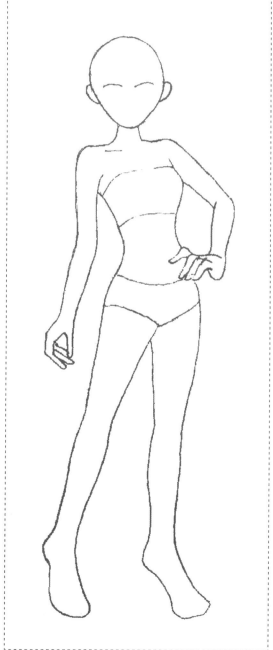

图1范画，图2的作品比效成熟，也作为范画供大家学习参考。

图3

图4

图5

图6

点评

　　图 5 的作者 7 岁，满满的服饰图案，增添了画面的形式美，与其他作品相比虽然还不太成熟，但体现了黄金期大胆想象的绘画能力。

第三十一课　不同姿态女装创意训练（六）

图1　　图2

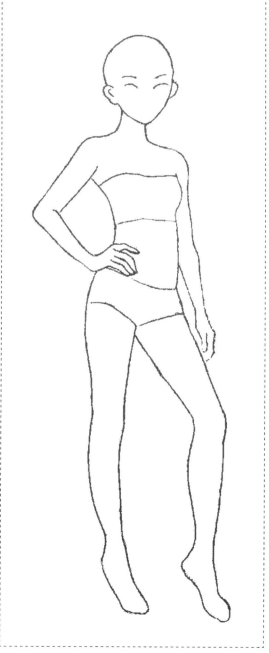

点评

①图1、图2是老师和成熟的学生作品。同学们能分辨出来吗？学习美术还要有审美和辨别能力。有了认识和提升，对我们提高绘画能力会有很大帮助的。

②图4是趋于成熟的作品，虽然线条还不够流畅，但设想、构思和图案的表现都是有想法的，随着不断的学习和年龄的提高，一定会画出好的作品。

③图6线条流畅，想象力丰富多彩，虽然有些局部表现得不太合理，但敢于大胆的设想是值得提倡的。

图3 图4 图5 图6

提示

1图2、图4、图5款式简练，造型明确，在模特身上"穿"服装是训练时装绘画的能力，但还要注意借鉴与创作，创意设计是我们学习的宗旨。

2图2是借鉴参考了资料，但也有不少创作的因素，其他作品基本上都是"原创"，完全体现了同学们创意服装绘画的能力。图3是老师的作品。

第三十二课　不同姿态女装创意训练（七）

　　范画1有效地利用了模特手臂的动势绘出了手持书本和棒棒糖的情景。从人物整体装扮上可以看出图1是戴着眼镜的学者，图2是身穿春秋时装的休闲女士。

提示

图 3 作者 12 岁，她平时喜欢画卡通画，也积累了大量的默写能力，创作能力强，画得快，但细节的表现还要加强。其他是低年组的作品，都参考了资料用黑线笔即兴完成的。

第三十三课　不同姿态女装创意训练（八）

图1　　　　　　　图2　　　　　　　图3

上图是范画在人体上的创作过程，先立意再构思，最后创作。要始终考虑整套服装的搭配效果。

作业处

图 4

图 5

图 6

张公亮十岁

图 7

点评

 图 4 的作品体现出一种成熟的美，图 5 整体感好，图 6 线条流畅活跃，但缺少局部的细节描绘，图 7 是根据卡通故事创作的，人物长出了动物耳朵、猫爪和尾巴，有一定的情趣性。

第三十四课 不同姿态女装创意训练（九）

图 1

图 2

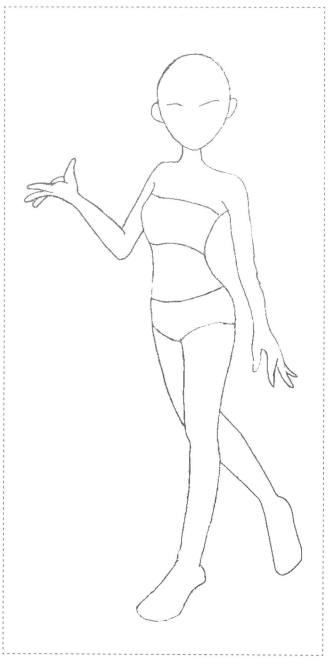

图 1 范画的服装和人体的互触真实地描绘了人体的美。

图 2 用严谨的线条描绘出了长发、吊带装青春活跃的人物美。

点评

　　图 3 夸张的头发和手托盘子及画满草莓的背景烘托了人物动态的连贯性。图 4 的服饰不错，但动手的能力还要加强。图 5 的款式、图案画得很成功，整体感强。

第三十五课　不同姿态女装创意训练（十）

图 1

图 2

图 1、图 2 是老师的范画作品，老师根据这个人物的动态，添加了不同的道具，就有了每个人物的故事内容。在创作过程中不要仅限于服装服饰的变化，也要根据人物动态进行添加道具的创作，画面就会更加生动。

范画

图 3
张心烁
二三

图 4
李天宁
10岁画

图 5

图 6

提示

　　图 4、图 5、图 6 是学生作品，尝试添加了道具的创作。要注意道具和服饰的配合要合理。

第三十六课 不同姿态女装创意训练（十一）

图1 范画运用了人体的外形巧妙描绘出紧身运动装。图2卡通的形象，服装纹理款式表现得都很成功，也显示了学生的绘画能力。

图 3　图 4　图 5　图 6

点评

1图3、图4是运用清晰的线条来表现服装款式。图5、图6的作品用了黑白灰的效果，图6的长裙和图案的组合有种韵律的美。

2在学习过程中，要注意借鉴与创作，创意设计是我们学习的宗旨。

第三十七课　借鉴与创作（一）

图1　　　　　　　　　　　图2

　　能够把资料里人物服装款式转换到不同姿态的人体模特身上是一种能力的体现，再加上一些自己的设想完成一幅作品叫作借鉴与创作。上面两幅作品就是这样完成的。

图 3

图 4

提示

　　这两幅作品是借鉴了《时装杂志》里的图片。把摄影图片里错综复杂的真实服装、款式、面料、纹样归纳描画在模特身上，再体现出一种美感对少儿来说是有难度的。相反参考人物服装线描画再转换到模物身上，相对就好画一些。如图 1、图 2。

115

第三十八课　借鉴与创作（二）

图 1

图 2

这两幅作品线条严谨、图案细节深入。在整体的黑白灰组合上成功表现了点、线、面的美妙视觉效果。图 1 借鉴的是坐姿半身资料，服装的转换难度很大，飘逸的辫子和下半身服饰都是独立创作。

图 3

图 4

提示

　　图 3 的作者创作能力很强，这幅作品和借鉴的资料差别大，是二分参考八分创作。图 4 的作品是借鉴与创作各占一半。

第三十九课　借鉴与创作（三）

图1　　　　　　　　　　　　　　　　　　　　　　　　　　　　　　　图2

这两幅学生作品是借鉴与创作的绘画过程。图1是把资料里的服
装转换画到了人体上，图2运用图案再创作，这两幅画面就出现完全不
同的效果。

图 3

图 4

提示

    图 3 是借鉴 "格格" 服装款式后创作了图案纹样。图 4 把资料里的款式完全画到人体模特身上，难度很大，要有一些创作的成分就更好了。

第四十课　借鉴与创作（四）

图1　　　　　　　　　　　图2

　　少儿服装创意画跟服装设计师不同之处是设计师有很高的审美能力和经验，还注重服装的实用性。在学习过程中我们要着重体现新颖的创意，可以海阔天空地去想，大胆地去画，只要能在人体上画出有自己想法的服装就算成功。

提示

图 1、图 2 为借鉴与再创作的过程，图 2 的作者巧妙地在长袖和长裙的下方添画了海洋里的生物作为图案，头饰上添画了几个圆点使得服装画面活跃起来。图 3 还需要再创作，图 4 的款式、图案变化丰富。

第四十一课　借鉴与创作（五）

　　图1用圆形概括地画出了裙子，上衣碎花纹样和裙子上大图案的组合很有视觉效果。图2的花卉图案很适合欧式服装，但作品借鉴得多，创作得少。

图 3

提示

　　这幅借鉴转换服装作品有一定的难度。头发的遮挡关系和服饰、图案的变化既协调又统一，是一幅成功的作品。

第四十二课　借鉴与创作（六）

图1

图2

　　这几幅作品是美院大学生参考资料即兴创作的，是我们少儿学画服装的榜样。作品的共同之处都是戴着帽子，手拿物品，接近生活，真实感强。

图 3

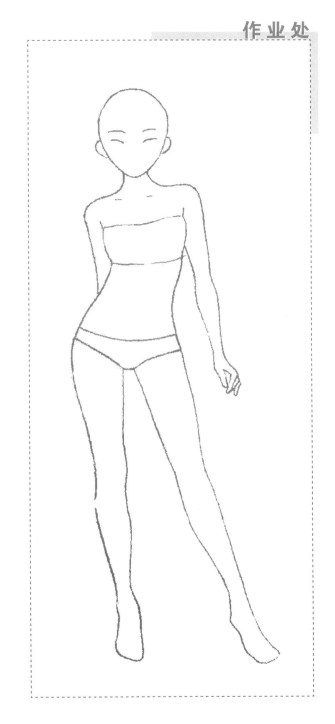

提示

　　大学生受过专业训练，笔法成熟，服饰比例结构合理。相比之下少儿受到年龄和认知的限制有些比例失调这很正常，帽子、鞋和物品与人的关系是难点，要注意遮挡关系。

第四十三课　借鉴与创作（七）

　　这组作品画的都是晚礼服，也是借鉴与创作的作品。图1服饰运用了几个花结来装饰，突出了重点。图2全身贯穿的图案简洁明快。

图 3

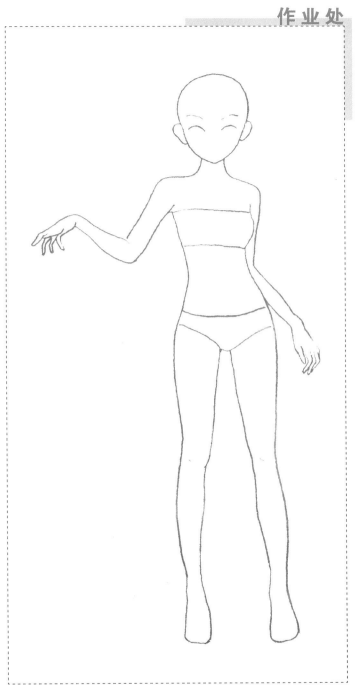

提示

人物的整体服饰搭配很重要，晚礼服是成人在晚会上穿的服装，如果画上学生头型和穿上平底鞋就不太协调了。作品上的头饰都是精心设计的卷发，再穿上高跟鞋出入"晚会"就很和谐。

第四十四课　借鉴与创作（八）

图1

图2

　　这组作品都是欧式服装，服饰变化多，装饰烦琐。这也是我们学习的重点。上两幅是借鉴了资料后进行了大胆的组合创作。

图 3

提示

　　欧式服装特点是紧腰大裙摆，装饰多，画起来难度大，这就需要同学们查阅资料，参考借鉴再创作。上图是 8 岁的学生把资料里的服装转换画到了模特身上。

第四十五课　不同动态男装创意练习（一）

　　画男士服装有一定难度，因男人不穿裙子，所以四肢的衣袖、裤腿都要画出来，袖子和裤腿还比较单一，因此就要考虑款式的变化和衣纹的结构处理。

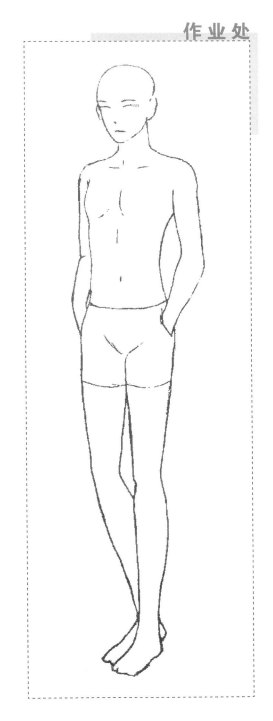

提示

①图1是老师参考电影画报的人物进行服装变换的范画。要想画好这样的人物服饰，就要有造型和透视基础。当然了，对低年组学生来说画出完整的服装也就 OK 了。

②图2、图3、图4、图5都成功地画出了有外衣搭配的服装。图7用简练线条准确合理地完成了人体上的男装。作者是16岁的学生。图6、图7、图8是有故事情节的人物（模特为青年型）。

131

第四十六课　不同动态男装创意练习（二）

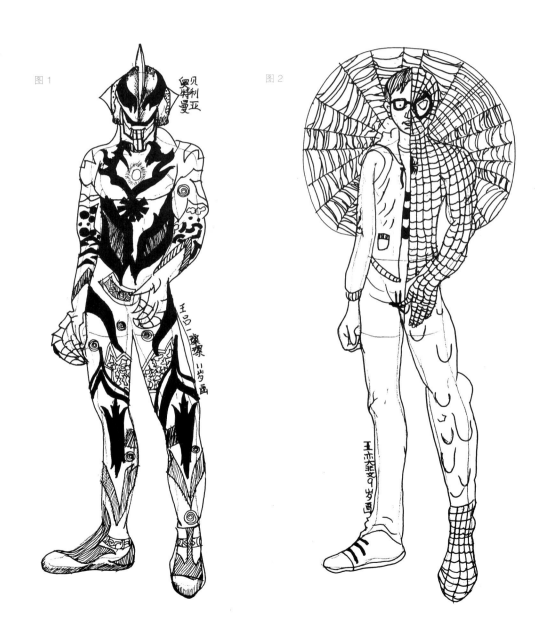

图1

图2

图3

周小冉 11岁画

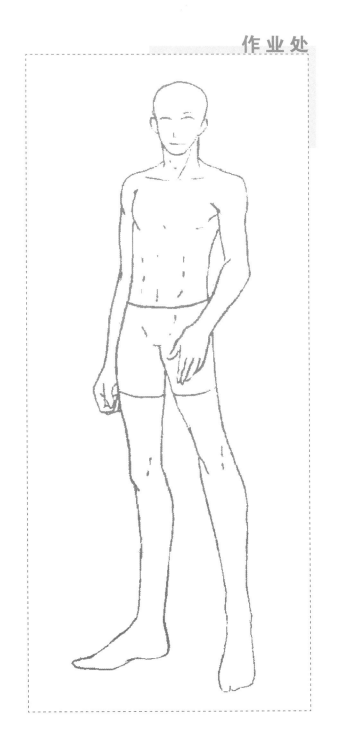

提示

①图2人物与图1的人物动态比较接近。手露在外边，两腿分开的姿态，也需要同学们经过思考起稿后再创作。

②这种标准身材常用来塑造青年和少年型角色。

③图1是在原身材的基础上加胖了，是为了显示奥特曼魁梧的身材。画的黑、白、灰服饰图案创作得很好。

133

第四十七课　不同动态男装创意练习（三）

图1　　图2　　图3　　图4

图5　　图6　　图7　　图8

英雄人物的造型适合塑造这种肌肉发达、体格健壮的英雄人物。

学生作品

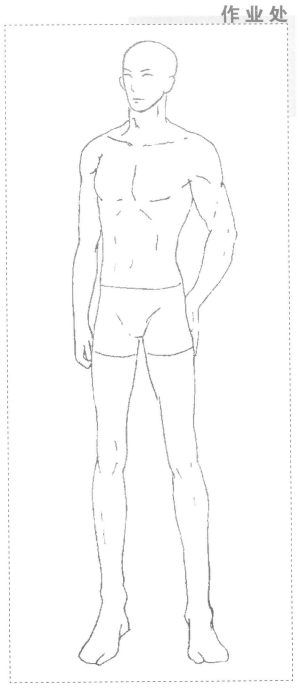

提示

　　图1范画。图2、图3、图4是在老师的范画基础上添加了服装，这种方法比人体上画服装简单得多。图5、图6、图7是独立创作。图8是借鉴资料变化而来的。注意在创作中肌肉的表现。夸张的肌肉就要比原身体再大一圈，这样就能显示更魁梧。

135

第四十八课　不同动态男装创意练习（四）

图1　图2　图3　图4

图5　图6　图7　图8

这个动姿大一些的人体模特给同学们留出了更多的空间。

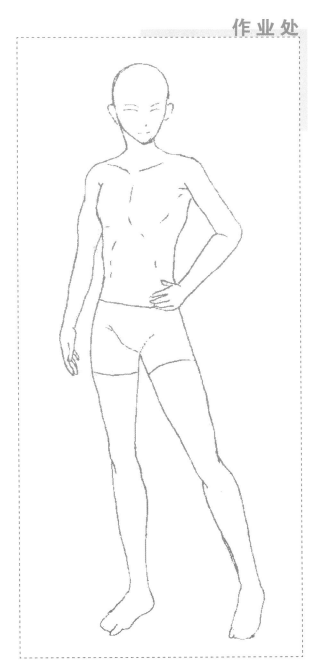

提示

①请同学们认真观察分辨哪几幅是参考资料再转变到模特身上的服装，哪些是"原创"也就是独立创意设计。能辨别出的同学也就是在审美上有所提高，对创作是有帮助的。

②图1的造型比较接近蝙蝠侠的原型，服饰、头、鞋、肌肉的表现也与原型接近。这就是参照资料完成的。

③图5、图6、图7、图8是典型即兴发挥独立创作的作品。这样的画面没有框框束缚，可以尽情发挥自己的设想。

第四十九课　不同动态男装创意练习（五）

图1　图2　图3　图4

图5　图6　图7　图8

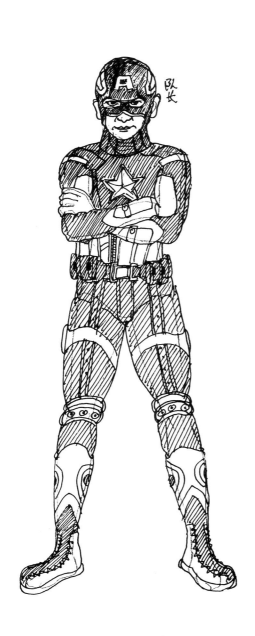

提示

①这是一个两臂交叉站立的模特造型。重点和难点是两臂袖子的添加和画面完整的创意。

②图1、图2、图3、图4是老师的作品。同学们能从中借鉴到什么？如何画出有特点、有创意的作品？图1用黑、白、灰分割法描绘的服饰结构，清晰可辨。图2用线描的方法，结构分明。图3是蜘蛛侠。图4是京剧演员。

③图5、图6、图7是学生创作的作品，各有特点。图5的服装有动感和吹起的头发相呼应。图6夸张变化成"金刚狼"，两臂也放了下来，黑、白、灰的画面处理也提升了视觉效果。

第五十课　不同动态男装创意练习（六）

图1　　　　　　　　　　　　图2

图 3

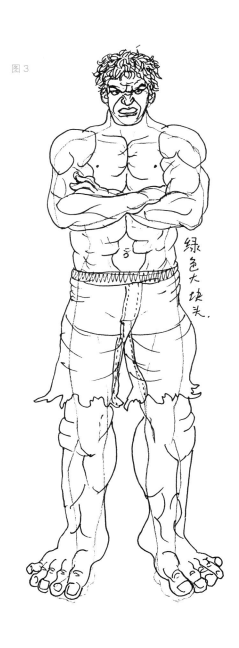

绿色大块头.

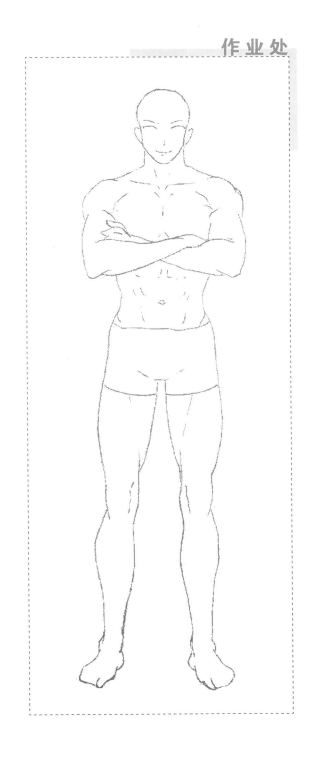

提示

① 这是一个强壮体形的人体模特，更适合画一些英雄人物。

② 图 3 敢于大胆地画更大、更宽、更强健的肌肉，充分突出了人物形象。大手大脚的特大形夸张是同学们学习的榜样。

第五十一课　不同动态男装创意练习（七）

现代男装上衣、裤子的各种款式参考资料。

　　才志舜，1987年毕业于鲁迅美术学院，中国民主促进会会员，现为世界和平书画展国际艺委会委员、中国少儿造型艺术学会理事、中国美术家协会辽宁分会会员、沈阳市青年美术家协会理事、沈阳市"小画家协会"指导委员，现任沈阳儿童活动中心高级美术教师。20年来辅导学生近万名，有许多学生在美国、法国、日本、荷兰、澳大利亚、埃及、新加坡等国家及我国港澳台地区举办的少儿画展中获金、银、铜奖。

　　著有《儿童线描画教程》《儿童学画》《中央电视台少儿美术讲座教材》《天才小画家》《美术教室》等50余册教材。主编《师生画作品集》，主讲"童眼睛看世界"少儿美术VCD电视讲座。多篇论文在教育部和中国美协举办的"少儿美术教育工程"理论研讨会上发表并获奖，被中国教育学会评为首届"全国少年儿童校外教育名师"，曾获"国际书画艺术启蒙教育百家"称号，"少儿书画国际艺术联展教育金奖"。其个人作品获国际交流大奖，先后被沈阳市政府授予"文艺新秀"、被沈阳市教委授予"骨干教师"等称号，获市教委公开课特等奖。

　　工作之余，从事专业美术创作，多次参加国内外画展及博览会，有多幅作品被国内外各界人士和画廊收藏，其中作品《回眸》被澳大利亚文化官员雷铎先生收藏。